Ravi Kant Pareek
Ravindra Kumar
Mahendra Kumar Singar

MDL, impacto setorial nas emissões de gases com efeito de estufa, energias renováveis na Índia

Ravi Kant Pareek
Ravindra Kumar
Mahendra Kumar Singar

MDL, impacto setorial nas emissões de gases com efeito de estufa, energias renováveis na Índia

ScienciaScripts

Imprint

Cover image: www.ingimage.com

This book is a translation from the original published under ISBN 978-620-7-45772-4.

Publisher:
Sciencia Scripts
is a trademark of
Dodo Books Indian Ocean Ltd. and OmniScriptum S.R.L publishing group

120 High Road, East Finchley, London, N2 9ED, United Kingdom
Str. Armeneasca 28/1, office 1, Chisinau MD-2012, Republic of Moldova, Europe
Printed at: see last page
ISBN: 978-620-7-62976-3

Conteúdo

RESUMO

A grande quantidade de gases com efeito de estufa (GEE) libertados para a atmosfera provou ser um fenómeno globalmente desafiante que conduz a alterações no clima e ao aquecimento global. Esta tese fornece informações sobre a emissão de gases com efeito de estufa (GEE) em termos de emissão de diferentes sectores como a energia, os processos industriais, a agricultura e os resíduos. Este documento inclui também a comparação das emissões de gases com efeito de estufa acumuladas nos anos de 1994, 2000, 2007, 2010, 2014, 2016 e 2019. Este documento também inclui os principais países emissores de GEE de 1990-2019. A emissão de GEE provoca o aquecimento global e a temperatura média da Terra está a aumentar continuamente. A fim de evitar os potenciais resultados negativos do aquecimento global, os países adoptaram a Convenção-Quadro das Nações Unidas sobre as Alterações Climáticas. Para os países em desenvolvimento, ou seja, não incluídos no Anexo I, foi implementado o Mecanismo de Desenvolvimento Limpo para o seu desenvolvimento sustentável. As alterações climáticas constituem um dos principais desafios ambientais com que se defronta atualmente não só a Índia, mas também todo o mundo. A Índia está a enfrentar vários problemas. As alterações climáticas estão associadas a vários impactos adversos na agricultura, nos recursos hídricos, nas florestas e na biodiversidade, na saúde, na gestão costeira e no aumento da temperatura. A diminuição da produtividade agrícola é o principal impacto das alterações climáticas na Índia. O presente documento inclui também a produção de energias renováveis para o desenvolvimento sustentável da Índia. A produção de energias renováveis ajuda a reduzir as emissões de gases com efeito de estufa e contribui para o desenvolvimento sustentável do país.

Palavras chave - GEE, Renováveis

CAPÍTULO 1

INTRODUÇÃO

1.1 Introdução: - As alterações climáticas e o aquecimento global resultantes das actividades humanas são um dos desafios ambientais mais importantes do mundo. O dióxido de carbono (CO2) e outros gases com efeito de estufa (GEE) são emitidos para a atmosfera a partir de vários sectores de atividade económica e social, como a energia, os processos industriais, a agricultura e os resíduos, e todos os anos essas emissões continuam a aumentar. As emissões de gases com efeito de estufa aumentam de forma constante à medida que a população cresce [11]. medida que se acumulam na atmosfera, os gases com efeito de estufa aumentam o risco de impactos ambientais negativos decorrentes das alterações climáticas. Para controlar a emissão de GEE, foi elaborado o Protocolo de Quioto em 1997. Muitos governos estão a desenvolver acções para reduzir as emissões de gases com efeito de estufa através de políticas nacionais que incluem a introdução de programas de comércio de emissões, programas voluntários, impostos sobre a energia ou o carbono e regulamentos e normas sobre eficiência energética e emissões [1].

Os principais gases com efeito de estufa são emitidos pelo sector da energia. O consumo de energia está a aumentar continuamente com o aumento da população do país. No século 21st são desenvolvidas diferentes tecnologias para simplificar e servir as actividades sociais, ao mesmo tempo que o consumo de energia aumenta subitamente e resulta na emissão de gases com efeito de estufa. A emissão de gases com efeito de estufa pode ser controlada através da instalação de fontes de energia renováveis. A instalação de fontes de energia renováveis também contribui para o desenvolvimento sustentável do país.

À medida que o ambiente se tem tornado uma questão cada vez mais importante para as empresas, tem-se registado um aumento correspondente na utilização de ferramentas de gestão ambiental. Estas ferramentas podem ajudar as organizações a melhorar o seu desempenho ambiental e a sua sustentabilidade para controlar os impactos das alterações climáticas em todo o mundo. A gestão ambiental nas organizações e nos governos pode ser conseguida através de normas e programas. Relativamente às alterações climáticas, essas normas introduzem conceitos organizacionais para identificar, quantificar, monitorizar e verificar as emissões de gases com efeito de estufa de uma forma de gestão ambiental. Por outras palavras, significa gestão ambiental das alterações climáticas.

1.2 O Mecanismo de Desenvolvimento Limpo (MDL**):** - O Mecanismo de Desenvolvimento Limpo (MDL) foi uma invenção na negociação do Protocolo de Quioto. O Protocolo de Quioto de 1997, um marco nos esforços globais para proteger o ambiente dos gases com efeito de estufa e alcançar o desenvolvimento sustentável (DS), marcou a primeira vez que os governos aceitaram restrições juridicamente vinculativas às suas emissões de gases com efeito de estufa. O protocolo também abriu novos caminhos com os seus inovadores "mecanismos de cooperação" destinados a reduzir o custo da contenção dessas emissões. Dado que, para o clima, é indiferente o local onde se efectuam as reduções de emissões, a economia sã defende que estas devem ser realizadas onde são menos onerosas. Por conseguinte, o Protocolo inclui três mecanismos baseados no mercado destinados a obter reduções rentáveis.

O Mecanismo de Desenvolvimento Limpo (MDL) é um mecanismo definido pelo Protocolo de Quioto de 1997, através do qual são implementados projectos com uma componente que inclui a redução de emissões de Gases com Efeito de Estufa (GEE). O MDL é o único mecanismo do Protocolo de Quioto, de 1997, que envolve países não incluídos no Anexo 1, permitindo-lhes acolher projectos de redução de emissões no seu território.

Tem dois objectivos: -

(a) Ajudar os países não incluídos no Anexo 1 da CQNUAC ("países em desenvolvimento") a alcançar o desenvolvimento sustentável, e

(b) Permitir que os países incluídos no Anexo 1 da CQNUAC e que inscreveram objectivos específicos de emissão de gases com efeito de estufa (GEE) no Anexo B do Protocolo de Quioto (os países industrializados tradicionais) adquiram Reduções Certificadas de Emissões (RCE) de actividades de projeto MDL realizadas em Partes não incluídas no Anexo 1 e as contabilizem para os seus objectivos do Protocolo de Quioto.

O fator crítico para o êxito das transacções MDL é a existência de um mercado internacional ativo para as unidades de redução certificada de emissões (RCE) resultantes da intervenção para reduzir as emissões de GEE. Um mercado internacional deve facilitar a parceria entre vários organismos, nomeadamente os promotores de projectos, os investidores, os auditores independentes, as autoridades nacionais dos países de acolhimento e dos países beneficiários e as agências internacionais responsáveis pela aplicação do Protocolo de Quioto de 1997. Devido aos interesses divergentes dos vários intervenientes, existe o perigo de as transacções MDL ficarem atoladas em burocracia, o que pode levar os investidores ou outras partes a perderem o interesse. Assim, um quadro de mercado internacional bem sucedido para as transacções MDL deve ser orientado por vários princípios fundamentais. A estrutura deve:

1. Resultar num desenvolvimento sustentável acordado que cumpra os objectivos nacionais do país anfitrião (Protocolo de Quioto, 1997) e não apenas na redução de emissões (RE) através de RCE para o país beneficiário.
2. Ajudar a maximizar a produção ou o fornecimento de RCE com uma boa relação custo-eficácia.
3. Fornecer informações fiáveis e acesso seguro aos compradores de RCE.
4. Proporcionar recursos legais tanto para os compradores como para os vendedores de RCE.
5. Satisfazer as necessidades de um amplo espetro de tipos de projectos e proponentes potencialmente diversos.
6. Proporcionar um verdadeiro incentivo para que uma vasta base de investidores invista em projectos MDL e atrair apenas um grupo limitado de investidores "verdes".
7. Resultam em projectos MDL que são adicionais aos valores de referência definidos.

1.3 Antecedentes

As preocupações com as emissões de gases com efeito de estufa (GEE) e o consequente aquecimento global e outros problemas relacionados com as alterações climáticas levaram a comunidade mundial a pensar em soluções viáveis para o problema. A Convenção-Quadro das Nações Unidas sobre as Alterações Climáticas (CQNUAC) proporcionou uma plataforma para debater as questões e identificar mecanismos para resolver o problema global. Um dos produtos desta iniciativa foi o Protocolo de Quioto de 1997, que estabelece objectivos juridicamente vinculativos para a redução das emissões de gases com efeito de estufa dos países desenvolvidos.

No âmbito do Protocolo de Quioto de 1997, o Mecanismo de Desenvolvimento Limpo (MDL) é um mecanismo de cooperação entre os países desenvolvidos signatários do Protocolo de Quioto (países do Anexo I) e os países em desenvolvimento signatários (países não incluídos no Anexo I). Trata-se de um mecanismo flexível que permite aos países do Anexo I atingir os seus objectivos de redução das emissões de gases com efeito de estufa através do investimento em projectos em países não incluídos no Anexo I. O Mecanismo de Desenvolvimento Limpo foi concebido para ajudar os países desenvolvidos signatários a cumprirem os seus objectivos de redução das emissões, contribuindo simultaneamente para o desenvolvimento sustentável dos países em desenvolvimento signatários e, em última análise, para a realização dos objectivos da CQNUAC.

1.4 A história do MDL

O MDL, inicialmente proposto como um Fundo de Desenvolvimento Limpo (FDL) pelo Brasil, destinava-se a ser um fundo para sanções por incumprimento dos países desenvolvidos, que facilitaria projectos de redução de emissões nos países em desenvolvimento. De acordo com Goldemberg (1998), o Mecanismo de Desenvolvimento Limpo foi o resultado de um compromisso político quando os EUA queriam um comércio de emissões com compromissos de redução obrigatórios para todos os países. Isso era inaceitável para o G77 e a China. Os compromissos voluntários sugeridos como alternativa também não foram aceites. Sob a liderança dos EUA, o MDL surgiu como uma forma de "implementação conjunta para crédito", combinando assim as ideias de "implementação conjunta" e "comércio de emissões" (Toman e Cazorla, 2001) e envolvendo a participação voluntária certificada dos países em desenvolvimento. (Earth Negotiations Bulletin, 1997).

Através dos projectos do Mecanismo de Desenvolvimento Limpo, as partes do Anexo 1 poderiam obter créditos de redução de emissões nos países em desenvolvimento. O Mecanismo de Desenvolvimento Limpo foi objeto de resistência por parte da Índia e da China. Era uma forma adequada de fazer participar os países em desenvolvimento (Panayatou, 1998; Mwandosya, 1998; Toman e Cazorla, 2001), que até então se tinham recusado a assumir compromissos (Cavard etal, 2001). O Mecanismo de Desenvolvimento Limpo também prepararia os países em desenvolvimento para enfrentar possíveis limitações futuras das emissões ou compromissos de redução (Sinisalco etal, 1998);

Panayatou, 1998).

1.5 O MDL

O artigo 12º do Protocolo de Quioto de 1997 explica que o objetivo do MDL é ajudar os países não incluídos no Anexo 1 a alcançar um desenvolvimento sustentável e contribuir para o objetivo final da Convenção. O MDL ajudará os países do Anexo 1 a conseguir uma atenuação dos gases com efeito de estufa eficaz em termos de custos. Os países do Anexo 1 poderiam realizar projectos em países em desenvolvimento (ou seja, países não incluídos no Anexo 1), que gerariam "reduções certificadas de emissões" que poderiam ser utilizadas pelos países do Anexo 1 para compensar os seus próprios compromissos.

Perspetiva da eficiência e da equidade no MDL

A teoria básica do comércio de licenças de emissão é a lógica económica subjacente ao MDL. O MDL permite uma redução economicamente eficiente das emissões de GEE, localizando o projeto onde os custos marginais de redução são mais baixos. Os países diferem no que respeita aos custos marginais de redução devido às suas diferentes dependências das actividades de produção que emitem GEE, à eficiência dos recursos e à dependência ou acesso a fontes de energia (Ott e Sachs, 2000). Nestas condições, ambas as entidades comerciais ganham, desde que os custos de redução sejam diferentes. Os promotores do MDL anunciam-no como uma parceria vantajosa tanto para os países desenvolvidos como para os países em desenvolvimento. Para os países industrializados, o MDL poderá ser um complemento da Implementação Conjunta na obtenção de reduções de emissões eficientes em termos de custos; para os países em desenvolvimento, o MDL poderá ser um novo canal de assistência financeira, investimentos para promover o desenvolvimento sustentável, transferência de tecnologia dos países desenvolvidos e um veículo de promoção da equidade para alcançar objectivos mais holísticos do Protocolo de Quioto, 1997. (Goldemberg, 1998). No entanto, o MDL suscitou um conjunto heterogéneo de avaliações e expectativas no que diz respeito a quem beneficiaria mais. Os cépticos apontam as falhas desta situação cor-de-rosa de ganhos mútuos.

Quando se diz que o MDL é rentável, isso significa que os países industrializados adquiriram algo que, de outra forma, seria dispendioso de obter no seu próprio país. O custo incorrido num projeto MDL é em vez de um crédito de carbono[5] . Este crédito é retirado da conta do país em desenvolvimento e subtraído ao orçamento de emissões do país desenvolvido.

Por conseguinte, é necessário que os países em desenvolvimento também obtenham ganhos justos ou equitativos. A fim de obter a solução mais rentável, a equidade pode ser posta em causa.

1.6 Algumas questões técnicas e operacionais no âmbito do MDL

Associada à complexidade técnica está a questão da capacidade técnica e institucional do país anfitrião para realizar projectos MDL. Um projeto MDL típico requer conhecimentos técnicos substanciais, conforme indicado pelas actividades de um ciclo de projeto MDL típico, apresentadas no Quadro 1

Tabela 1.1: Um ciclo típico de projeto MDL

Fase	Actividades típicas	Instituições-chave
1. Desenvolvimento, conceção e financiamento de projectos.	Identificação e formulação do projeto, realização de estudos de viabilidade e de base, financiamento, procura de aprovação e garantia do governo (os projectos MDL para certificação podem ter de cumprir determinados critérios, alguns dos quais podem ser: extensão da transferência de tecnologia, existência de acordos para a partilha dos benefícios do projeto, responsabilidade pelo projeto), opções de seguro em caso de fracasso do projeto.	Governos nacionais, promotores de projectos, ONG, bancos de desenvolvimento e outros investidores, instituições de seguros.
2. Validação e Registo	Aprovação da base de referência e da adicionalidade do projeto, assegurando uma disposições de acompanhamento, garantia de comentários públicos, registo do projeto no Conselho Executivo do MDL.	Terceiros independentes, MDL Comissão Executiva
3. Projeto Implementação	Manutenção da tecnologia, implementação da tecnologia.	Operadores de projectos
4. Acompanhamento do projeto	Verificar o desempenho do projeto, manter registos Manutenção tecnológica.	Operadores de projectos
5. Verificação, certificação e	Avaliação da quantidade de reduções de emissões obtidas, verificação das reduções de emissões, certificação e emissão de reduções de emissões	Terceiros independentes, Conselho Executivo

Emissão de Créditos	certificadas.	do MDL

Para além das dificuldades técnicas e operacionais envolvidas, também vale a pena notar que o comércio de emissões como instrumento de mercado não é tão popular em certos países. Por exemplo, a abordagem tradicional na Europa tem-se baseado mais nos impostos sobre o carbono do que no comércio de emissões.

1.7 Tipos de MDL

Foram propostos quatro tipos diferentes de MDL:

(a) MDL bilateral: Neste modelo, a maior parte das actividades do MDL, como a seleção de projectos, o financiamento e a partilha de créditos, são resolvidas diretamente entre as partes do Anexo 1 e as partes não incluídas no Anexo 1, numa base de projeto a projeto. O MDL bilateral é mais preferido pelo sector privado e pelos países industrializados. O MDL é visto como um instrumento de flexibilidade fundamental, cujo principal objetivo é reduzir os custos de conformidade (Yamin, 1998).

As actividades são favorecidas pelo sector privado, pelos países industrializados e por vários grandes países em desenvolvimento onde se concentra a maior parte do investimento direto estrangeiro e onde os mercados estão relativamente mais desenvolvidos do que, por exemplo, os mercados em África. Outra preocupação com os projectos bilaterais é a elevada taxa de transação que pode favorecer os projectos de capital mais intensivo em relação aos pequenos projectos de energias renováveis. Poderá não conduzir a investimentos nos sectores-chave que os países em desenvolvimento poderão querer desenvolver. O MDL bilateral, que depende de uma transação de projeto, pode também não ser muito favorável às partes dos países em desenvolvimento, que não têm capacidade para negociar os preços das RCE, colocando os países em desenvolvimento em pé de desigualdade com o parceiro do país desenvolvido.

(b) MDL Multilateral: Também conhecida como a abordagem de carteira, em que os fundos dos países do Anexo 1 são recolhidos num fundo centralizado e depois canalizados para actividades de projeto nos países em desenvolvimento (numa entidade como o Fundo Protótipo de Carbono do Banco Mundial). Uma vez que os países em desenvolvimento não negoceiam diretamente com o sector privado, o desequilíbrio de poder entre os negociadores não é tão grande como no caso do MDL bilateral. Esta abordagem também atenuará os desequilíbrios geográficos que podem ocorrer nos investimentos em projectos, em que alguns países em desenvolvimento são favorecidos em relação a outros.

(c) MDL unilateral: Todo o exercício de desenvolvimento de projectos, financiamento e todos os riscos associados estão concentrados nos países de acolhimento. Assim, os países anfitriões devem ter capacidade e recursos suficientes para selecionar, desenvolver, financiar e operar um projeto de Mecanismo de Desenvolvimento Limpo por si próprios. Espera-se que os projectos unilaterais sejam mais coerentes com os países em desenvolvimento. A preocupação com os "frutos mais fáceis" pode ser

A Comissão considera que os projectos de MDL podem ser adequadamente abordados através deste tipo de MDL, uma vez que os países desenvolvidos deixarão de poder beneficiar das opções mais baratas e mais atractivas. De facto, uma vez que não existem regras que especifiquem o que constitui um projeto MDL, políticas como a eliminação dos subsídios ao carvão ou reformas dos preços no sector da energia podem ser tratadas como projectos políticos também no âmbito do MDL unilateral.

(d) MDL híbrido: Este é um modelo unilateral em que toda a seleção e desenvolvimento de projectos ocorre através das instituições nacionais. O financiamento é procurado junto de fontes nacionais e internacionais para financiar uma carteira de projectos através de um mecanismo centralizado (MDL multilateral).

1.8 Benefícios do MDL

O princípio básico do MDL é simples: os países desenvolvidos podem investir em oportunidades de redução de baixo custo nos países em desenvolvimento e receber crédito pelas reduções de emissões resultantes, reduzindo assim as reduções necessárias dentro das suas fronteiras. Embora o MDL reduza o custo do cumprimento do Protocolo para os países desenvolvidos, os países em desenvolvimento também beneficiarão, não só do aumento dos fluxos de investimento, mas também do requisito de que estes investimentos promovam objectivos de desenvolvimento sustentável. O MDL incentiva os países em desenvolvimento a participarem, prometendo que as prioridades e iniciativas de desenvolvimento serão abordadas como parte do pacote. Reconhece-se assim que só através do desenvolvimento a longo prazo é que todos os países poderão desempenhar um papel na proteção do clima

Na perspetiva dos países em desenvolvimento, o MDL pode:

- Atrair capital para projectos que contribuam para a transição para uma economia mais próspera mas com menor intensidade de carbono;
- Incentivar e permitir a participação ativa dos sectores público e privado;
- Proporcionar um instrumento de transferência de tecnologia, se o investimento for canalizado para projectos que substituam tecnologias antigas e ineficientes de combustíveis fósseis ou criem novas indústrias em tecnologias ambientalmente sustentáveis; e
- Ajudar a definir prioridades de investimento em projectos que cumpram os objectivos de desenvolvimento sustentável. Especificamente, o MDL pode contribuir para os objectivos de desenvolvimento sustentável de um país em desenvolvimento através de
- Transferência de tecnologia e de recursos financeiros;
- Formas sustentáveis de produção de energia;
- Aumentar a eficiência e a conservação da energia;
- Redução da pobreza através da criação de rendimentos e de emprego; e
- Benefícios ambientais locais

O MDL não se limita aos benefícios da redução do carbono, mas produz também uma série de benefícios ambientais e sociais nos países em desenvolvimento. Os benefícios para o desenvolvimento sustentável podem incluir reduções na poluição do ar e da água através da diminuição da utilização de combustíveis fósseis, especialmente o carvão, mas também se estendem à melhoria da disponibilidade de água, à redução da erosão dos solos e à proteção da biodiversidade. Quanto aos benefícios sociais, muitos projectos criariam oportunidades de emprego em regiões-alvo ou grupos de rendimento e promoveriam a autossuficiência energética local. Por conseguinte, os objectivos de redução das emissões de carbono e de desenvolvimento sustentável podem ser prosseguidos em simultâneo.

Muitas opções no âmbito do MDL poderiam criar benefícios conexos significativos nos países em desenvolvimento, resolvendo problemas ambientais locais e regionais e promovendo objectivos sociais. Para os países em desenvolvimento que, de outra forma, poderiam dar prioridade às necessidades económicas e ambientais imediatas, a perspetiva de benefícios adicionais significativos deveria constituir um forte incentivo à participação no MDL.

CAPÍTULO 2

REVISÃO DA LITERATURA

O Mecanismo de Desenvolvimento Limpo tem a sua história nos debates mais alargados sobre as ligações entre "alterações climáticas" e "desenvolvimento sustentável", dois conceitos que surgiram na investigação e na política no final da década de 1980. Historicamente, os conceitos permaneceram divididos durante um longo período de tempo. Enquanto o debate sobre as alterações climáticas tem sido orientado para as ciências naturais, o debate sobre o desenvolvimento sustentável tem sido enquadrado numa abordagem mais social e orientada para as ciências humanas. A divisão histórica é bem analisada e descrita na literatura (Cohen et al. 1998; Michaelis 2003; Najam et al. 2003; Swart et al. 2003). A divisão manteve-se até cerca de 2001-2002, altura em que o Painel Internacional sobre as Alterações Climáticas (IPCC), no Terceiro Relatório de Avaliação, e os delegados da Cimeira Mundial sobre Desenvolvimento Sustentável criaram plataformas para orientar a atenção para a integração e as ligações entre as alterações climáticas e o DS. Desde então, uma literatura emergente e crescente tem-se debruçado sobre as seguintes questões, identificando sinergias e trade-offs entre as alterações climáticas e o desenvolvimento sustentável: (1) Perspectivas do Sul (Davidson et al. 2003; Najam et al. 2003; Sokona et al. 2002), (2) Equidade (Ghersi et al. 2003; Metz et al. 2002), (3) Adaptação e pobreza (Bloom 2004; Burton e May 2004; Devereux e Edwards 2004; Huq e Reid 2004) e (4) A contribuição do MDL para o desenvolvimento sustentável.

O nascimento efetivo do MDL teve lugar no processo que conduziu às negociações de Quioto. Após a adoção do Protocolo de Quioto - incluindo o MDL - em 1997. O MDL foi então designado por vários nomes: "a surpresa de Quioto", "o mecanismo de ganhos mútuos", "uma ponte entre o Norte e o Sul" e "o precursor do regime de Quioto" (Grubb et al.1999; Matsuo 2003). Estas designações reflectem o otimismo inicial e as grandes expectativas de que o MDL conciliaria as grandes diferenças entre o Norte e o Sul no que respeita às alterações climáticas e ao desenvolvimento. Uma vez que o acordo sobre o MDL teve lugar na fase final do processo de negociação, houve pouco tempo para discutir os termos e condições e, por conseguinte, foi decidido sem disposições sobre o seu funcionamento. Só na COP7, em Marraquexe, em 2001, é que foi criado o Conselho Executivo do MDL e decidida a parte principal do "livro de regras". Quando a estrutura institucional que rege o MDL foi discutida e decidida, os países em desenvolvimento argumentaram que uma norma internacional para o DS interferiria com a sua soberania (Figueres 2005). Por conseguinte, a responsabilidade pela concretização do DS foi delegada nas Autoridades Nacionais Designadas (AND) a nível nacional. Desde então, a questão da contribuição do MDL para o DS não foi diretamente abordada nas negociações políticas internacionais. Em vez disso, foi reformulada e abordada indiretamente em debates sobre o "MDL programático" (Baron e Ellis 2006; Figueres 2005) e na literatura de investigação.

Teoricamente, existem diferentes abordagens e definições de DS, mas é sobre estas que incide a presente análise. Para uma introdução teórica, ver os capítulos dois e três de Markandya e Halsnss (2002). Na literatura metodológica parece ser consensual que o DS engloba pelo menos três dimensões: a social, a económica e a ambiental (Kolshus et al. 2001; Najam et al. 2003; Olhoff et al. 2004). A dimensão social inclui a redução da pobreza e a equidade como critérios gerais. Quando se trata de avaliações práticas e concretas dos impactos de sustentabilidade dos projectos MDL, não existe uma abordagem ou metodologia única, autorizada e universalmente aceite, aplicável a qualquer projeto MDL, independentemente do tipo e localização do projeto. Dado que é delegada nas AND a autoridade para confirmar se um projeto MDL contribui ou não para a realização do desenvolvimento sustentável, as definições efectivas variam em função do que os diferentes países de acolhimento consideram ser as suas prioridades de desenvolvimento. A literatura identifica problemas com esta abordagem pragmática da definição de DS. Um dos problemas é o facto de diferentes partes interessadas darem prioridade a diferentes aspectos do DS (Brown e Corbera 2003; Kim 2003). Como as relações de poder entre os actores são desiguais, são frequentemente os actores com mais recursos que conseguem definir os termos do comércio de carbono (Nelson e de Jong 2003). Um segundo problema é a tendência de os países não incluídos no Anexo I competirem para atrair investimentos no MDL e criarem um incentivo para estabelecer padrões de sustentabilidade baixos, o que pode levar ao problema conhecido como "corrida para o fundo" (Sutter 2003). Além disso, é criticado o facto de os critérios de desenvolvimento sustentável não serem claramente definidos pelas DNA (Brown et al. 2004), o que reforça a questão de saber quem deve assegurar a sustentabilidade dos projectos MDL e como? Os primeiros estudos realizados em 2000-2001, antes dos Acordos de Marraquexe, tentam analisar a possível contribuição futura do MDL para o desenvolvimento sustentável. Três estudos tentam prever, respetivamente, até que ponto o MDL contribuirá para os objectivos de desenvolvimento sustentável (Austin e Faeth 2000), se o MDL promoverá ou impedirá o desenvolvimento sustentável (Banuri e Gupta 2000) e se o MDL poderá servir de alavanca para o desenvolvimento (Mathy et al. 2001). Um quarto estudo defende a inclusão de projectos florestais comunitários no MDL, com base em co-benefícios significativos, como o desenvolvimento rural e a biodiversidade (Klooster e Masera 2000). Os estudos têm em comum a falta de dados sobre os projectos MDL, uma vez que é demasiado cedo para dispor de provas suficientes. Em vez disso, os estudos utilizam dados baseados, por exemplo, em revisões da literatura de potenciais projectos MDL no Brasil, na Índia e na China (Austin e Faeth 2000), na simulação e modelização do efeito de alavanca dos investimentos MDL no desenvolvimento (Mathy et al. 2001), ou em avaliações do impacto do investimento MDL no desenvolvimento sustentável utilizando três abordagens económicas diferentes (Banuri e Gupta 2000).

Erik Haites e Stephen Seres (2008) analisaram as alegações de transferência de tecnologia feitas pelos participantes nos documentos de conceção de 3296 projectos MDL registados e propostos. Conclui que cerca de 36% dos projectos alegam envolver transferência de tecnologia, o que representa 59% das reduções anuais de emissões estimadas, indicando que os projectos que alegam transferência de tecnologia são, em média, substancialmente maiores do que aqueles que não alegam transferência de tecnologia. O estudo conclui também que cerca de 30% dos projectos unilaterais, 40% dos projectos com participantes estrangeiros e 30% dos projectos de pequena escala reivindicam a transferência de tecnologia, em comparação com 36% de todos os projectos. O estudo conclui que a transferência de tecnologia é mais comum nos projectos de maior dimensão

Pankaj Agarwal (2016) analisa que uma parte crítica da solução residirá na promoção das tecnologias de energias renováveis como forma de dar resposta às preocupações com a segurança energética, o crescimento económico face ao aumento dos preços da energia, a competitividade, os custos de saúde e a degradação ambiental. Os pontos de ação específicos que foram mencionados incluem a promoção da implantação, da inovação e da investigação de base em tecnologias de energias renováveis, a resolução dos obstáculos ao desenvolvimento e a promoção da inovação. a implantação comercial das tecnologias da biomassa, da energia hidroelétrica, da energia solar e da energia eólica, a promoção das tecnologias de combustão direta da biomassa e de gaseificação da biomassa, a promoção do desenvolvimento e do fabrico de pequenos geradores eólicos e o reforço do regime regulamentar/tarifário, a fim de integrar as fontes de energia renováveis no sistema elétrico nacional. Assim, está a ser dada uma maior atenção à implantação de energias renováveis, que deverão representar cerca de 5% da mistura de eletricidade até 2032.

CAPÍTULO 3

EMISSÕES DE GASES COM EFEITO DE ESTUFA NA ÍNDIA PROVENIENTES DE DIFERENTES SECTORES

3.1 Emissões de gases com efeito de estufa de diferentes sectores na Índia: - Uma análise comparativa das emissões de gases com efeito de estufa do sector da energia (combustão de combustível em diferentes sectores) em 1994 com as estimativas para 2000 mostra um aumento de 744 para 1027 MTCO2 e o aumento continua e atinge 2422 MTCO2 em 2019. A maior parte deste aumento verifica-se no sector da energia e da transformação e inclui, na sua maioria, o combustível consumido para a produção de eletricidade. A percentagem de emissões de CO2 do sector da energia está a aumentar continuamente, pelo que é necessário encontrar fontes de energia renováveis para diminuir as emissões de CO2 do sector da energia[10] . Não só do sector da energia, mas também do aumento das emissões de CO2 de outros sectores.

EMISSÕES DE GASES COM EFEITO DE ESTUFA DE DIFERENTES SECTORES

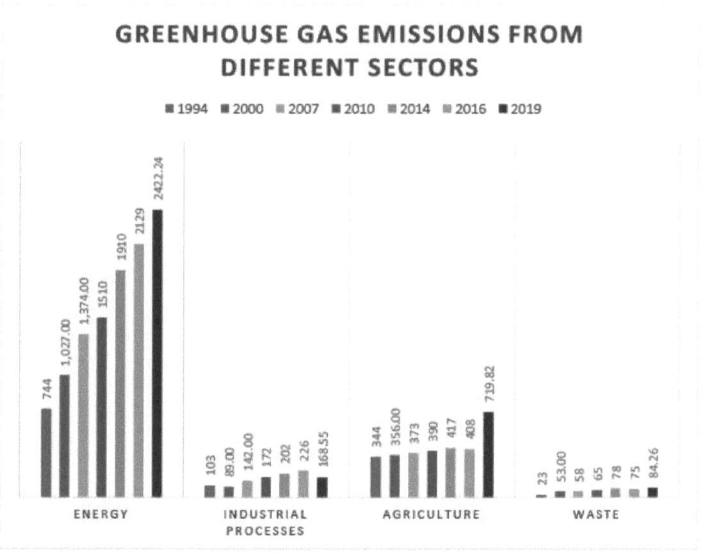

Figura 3.1 Emissões de gases com efeito de estufa de diferentes sectores

Fonte: Comunicação Nacional (2004), Comunicação Nacional (2012), Comunicação Nacional (2022) e Instituto dos Recursos Mundiais.

PERCENTAGEM DE EMISSÃO DE GASES COM EFEITO DE ESTUFA DE DIFERENTES SECTORES EM 1994

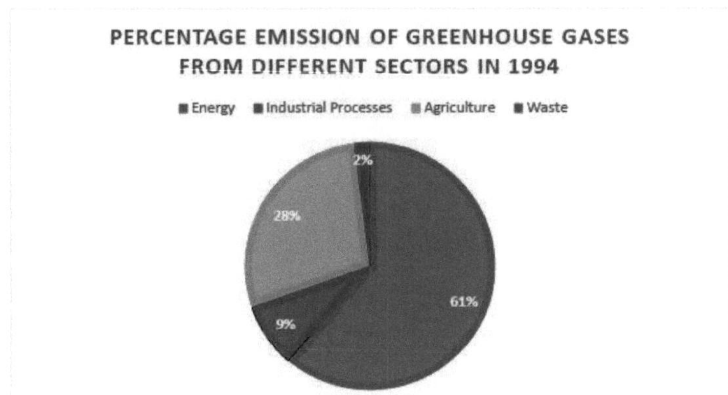

Figura 3.2 Percentagem de emissão de GEE de diferentes sectores em 1994.

Fonte: Comunicação Nacional (2004)

PERCENTAGEM DE EMISSÃO DE GASES COM EFEITO DE ESTUFA DE DIFERENTES SECTORES EM 2000

PERCENTAGE EMISSION OF GREENHOUSE GASES FROM DIFFERENT SECTORS IN 2000

Energy
Industrial Processes
Agriculture
Waste
4%
23%
6%
67%

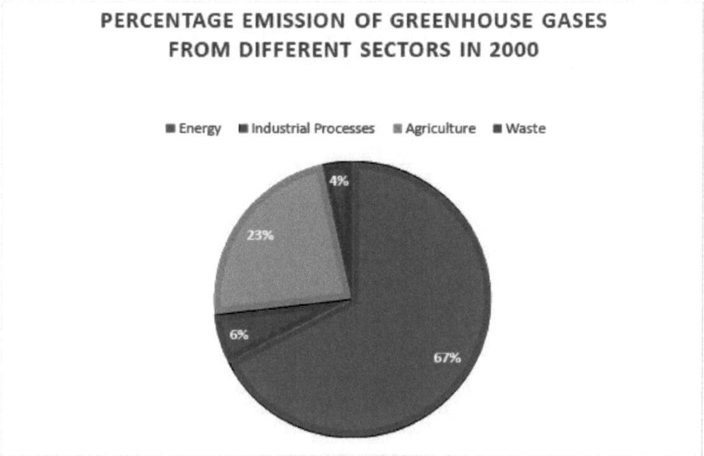

Figura 3.3 Emissão percentual de GEE de diferentes sectores em 2000.

Fonte: Comunicação Nacional (2004)

PERCENTAGEM DE EMISSÃO DE GASES COM EFEITO DE ESTUFA DE DIFERENTES

SECTORES EM

2007

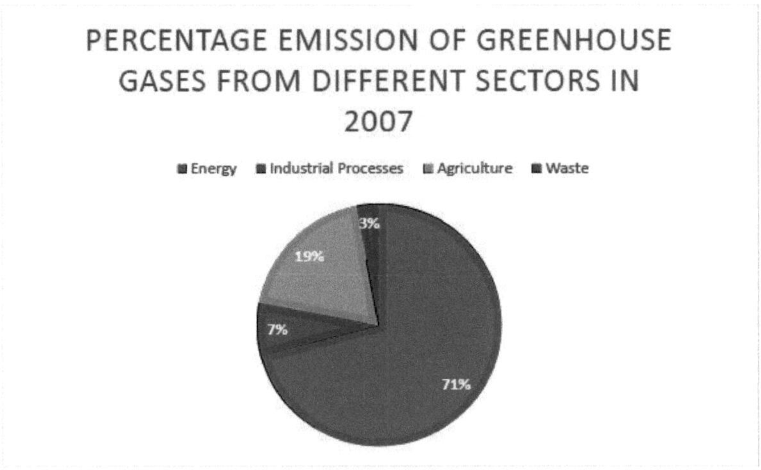

Figura 3.4 Percentagem de emissão de GEE de diferentes sectores em 2007.

Fonte: Comunicação Nacional (2012)

PERCENTAGEM DE EMISSÃO DE GASES COM EFEITO DE ESTUFA DE DIFERENTES

SECTORES EM

2010

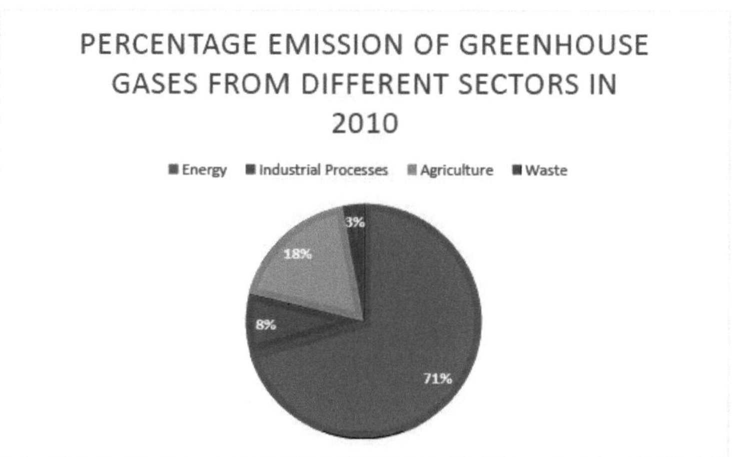

Figura 3.5 Percentagem de emissão de GEE de diferentes sectores em 2010.

Fonte: Comunicação Nacional (2022)

PERCENTAGEM DE EMISSÃO DE GASES COM EFEITO DE ESTUFA DE DIFERENTES SECTORES EM 2014

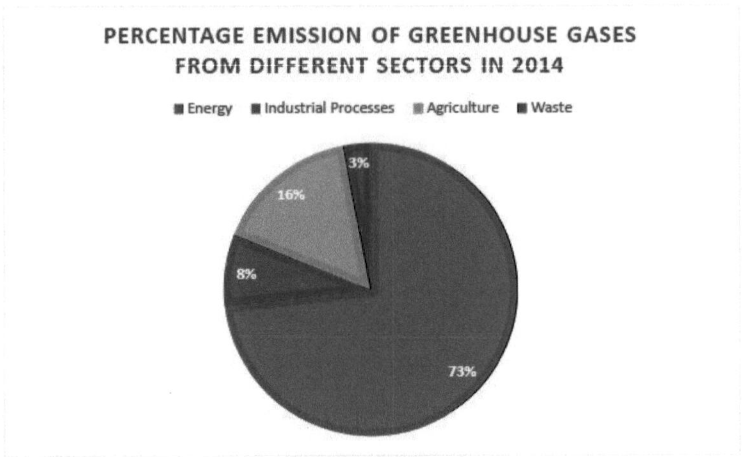

Figura 3.6 Percentagem de emissão de GEE de diferentes sectores em 2014.

Fonte: Comunicação Nacional (2022)

PERCENTAGEM DE EMISSÃO DE GASES COM EFEITO DE ESTUFA DE

DIFERENTES SECTORES EM 2016

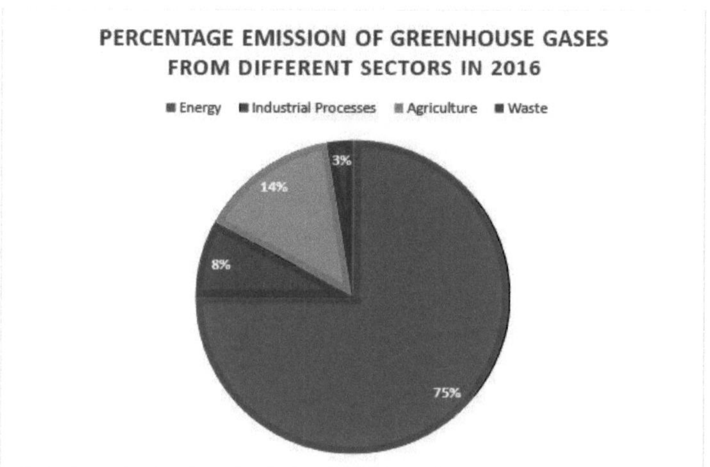

Figura 3.7 Percentagem de emissão de GEE de diferentes sectores em 2016.

Fonte: Comunicação Nacional (2022)

PERCENTAGEM DE EMISSÃO DE GASES COM EFEITO DE ESTUFA DE

DIFERENTES

SECTORES EM 2019

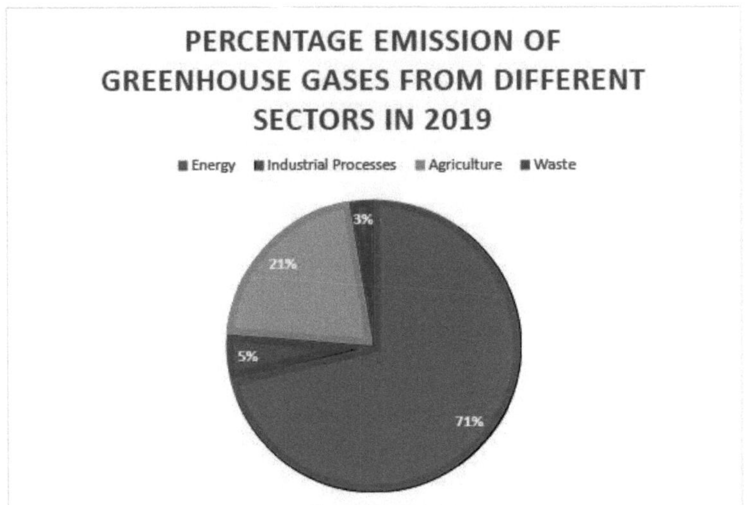

Figura 3.8 Percentagem de emissão de GEE de diferentes sectores em 2019.

Fonte: Instituto de Recursos Mundiais

3.2 Principais países emissores de GEE - As emissões de dióxido de carbono são o principal fator das alterações climáticas. Estas emissões começaram a aumentar durante a Revolução Industrial, o que significa que os países mais ricos, como os Estados Unidos, que fizeram uma transição precoce para um sistema económico fortemente baseado em combustíveis fósseis, têm um papel muito importante na contribuição para os impactos climáticos a que assistimos atualmente em todo o mundo.

Emissões de gases com efeito de estufa (GEE) responsáveis pelas alterações climáticas. Cerca de 60% das emissões de gases com efeito de estufa provêm de apenas 10 países, enquanto os 100 países que menos emitem contribuem com menos de 3%. A energia representa quase três quartos das emissões globais, seguida da agricultura. No sector da energia, o maior sector emissor é o da produção de eletricidade e calor, seguido dos transportes e da indústria transformadora. A utilização dos solos, a alteração da utilização dos solos e a silvicultura (LULUCF) são simultaneamente uma fonte e um sumidouro de emissões e um sector-chave para se chegar a emissões líquidas nulas.[10]

Tabela-3.1 Os 10 países com as maiores emissões de GEE entre 1090-2019[10]

Ano\ País	China	Estados Unidos	Índia	União Europeia (27)	Indonésia	Rússia	Brasil	Japão	Irão	Coreia do Sul
1990	2891.73	5417.32	1002.56	4187.9	1226.82	2648.36	1638.68	1106.26	304.22	238.32
1991	3039.14	5372.07	1056.25	4120.94	1246.27	2585.28	1659.83	1121.71	332.58	266.53
1992	3168.05	5456.12	1081.28	3981.08	1266.98	2428.18	1669.79	1134.81	354.38	291.96
1993	3397.8	5567.55	1114.22	3908.95	1282.35	2233.86	1681.12	1128.24	362.41	323.65
1994	3557.37	5661.57	1158.48	3894.63	1302.7	1995.87	1697.94	1185.98	394.82	351.89
1995	3960.7	5729.69	1223.65	3947.64	1339.1	1918.33	1724.55	1201.33	405.33	384.86
1996	3982.11	5901	1272.74	4058.46	1164.23	1874.95	1729.84	1216.15	420.32	412.98
1997	3977.65	6160.86	1331.88	3983.29	2134.8	1723.24	1761.29	1204.17	439.31	438.91
1998	4095.97	6208.83	1362.33	3949.25	1366.9	1725.07	1796.63	1157.78	441.72	373.64
1999	4028.58	6210.12	1440.38	3874.4	1258.63	1759.66	1807.27	1184.1	479.36	411.56
2000	4221.08	6372.54	1477.87	3877.33	1190.41	1812.87	1809.18	1200.81	507.02	469.57
2001	4430.04	6335.1	1725.86	3884.4	1018.47	1423.46	1897.8	1156.68	497.59	468.7
2002	4736.95	6182.64	1744.38	3871.02	1500.73	1422.39	1932.79	1189.23	512.73	461.26
2003	5387.28	6245.34	1787.88	3960.54	1168	1498.74	1946.72	1197.12	548.91	469.04
2004	6172.83	6331.91	1876.85	3962.83	1517.63	1491.42	1993.39	1188.83	585.5	492.96
2005	6934.85	6352.14	1948.11	3935.61	1245.04	1513.85	2006.42	1190.09	624.34	488.31
2006	7614.35	6260.2	2045.4	3936.29	1664.11	1553.64	1998.22	1168.68	667.21	496.62
2007	8224.19	6367.28	2191.17	3903.15	1107.1	1559.85	2032.89	1204.37	703.12	506.54
2008	8480.5	6184.08	2289.14	3811.63	1093.88	1570.09	2036.16	1137.35	711.29	519.43
2009	9055.11	5757.6	2438.92	3540.97	1487.25	1427.44	2009.23	1078.7	734.4	533.37
2010	9887.06	6026.14	2546.79	3619.79	1131.73	1521.96	2109.66	1136.62	737.61	585.4
2011	10388.48	5811.96	2584.75	3250.07	1683.13	1693.95	1276.46	1243.96	793.62	619.12
2012	10675.66	5593.24	2740.4	3188.85	1702.3	1674.58	1319.48	1286.53	793.95	622.55
2013	11168.26	5734.28	2804.34	3109.55	1638.39	1633.1	1344.89	1298.56	815.31	622.99
2014	11228.48	5779.53	2984.52	2962.68	2015.5	1621.85	1384.99	1256.16	844.13	612.48
2015	11108.86	5665.2	3003.07	3019.49	2067.75	1602.81	1366.89	1220.73	844.14	633.4
2016	11151.31	5743.85	3076.48	3364.77	1434.45	1733.91	1455.86	1229.82	881.05	648.88

2017	11385.48	5689.61	3215.07	3379.38	1447.22	1769.68	1475.82	1214.59	912.77	662.63
2018	11821.66	5892.37	3360.56	3295.53	1692.36	1868.15	1434.51	1172.32	925.58	669.7
2019	12055.41	5771	3363.59	3149.57	1959.71	1924.82	1451.63	1134.45	893.78	652.66

Os 10 países com as maiores emissões de gases com efeito de estufa entre

1090 e 2019

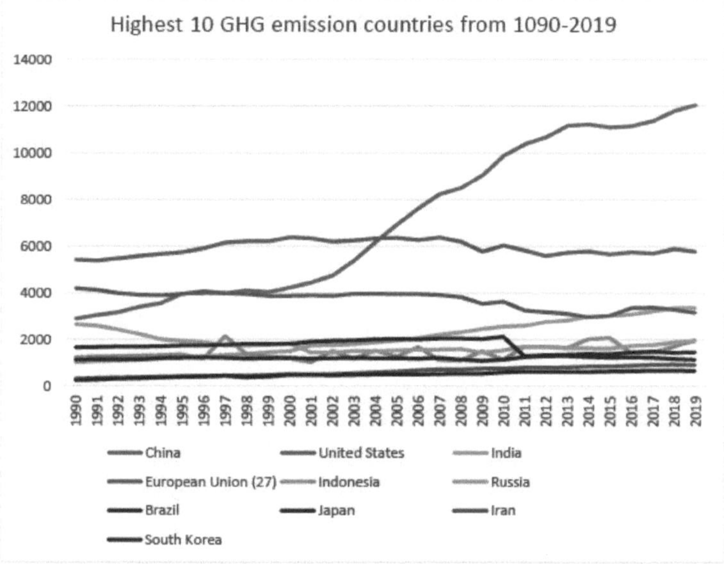

Figura 3.9 Os 10 países com maiores emissões de gases com efeito de estufa entre 1090 e 2019

CAPÍTULO 4

EFEITO NEGATIVO DOS GASES COM EFEITO DE ESTUFA NO AMBIENTE

Efeito adverso dos gases com efeito de estufa no ambiente: - Por detrás do fenómeno do aquecimento global e das alterações climáticas está o aumento dos gases com efeito de estufa na nossa atmosfera. Um gás com efeito de estufa é qualquer composto gasoso presente na atmosfera que é capaz de absorver a radiação infravermelha, retendo e mantendo assim o calor na atmosfera. Ao aumentar o calor na atmosfera, os gases com efeito de estufa são responsáveis pelo efeito de estufa, que, em última análise, conduz ao aquecimento global.

O efeito adverso dos gases GEE no clima é o seguinte

4.1 Derretimento do gelo marinho do Ártico

Desde que as medições por satélite começaram no final da década de 1970, a extensão do gelo marinho do Ártico diminuiu em todos os meses e em todas as regiões. Em 2021, a cobertura de gelo do mar Ártico atingiu o seu mínimo anual de verão em setembro de 2016. Com 1,82 milhões de milhas quadradas (4,72 milhões de quilómetros quadrados), foi 579 000 milhas quadradas (1,5 milhões de quilómetros quadrados) menor do que a média de 1981-2010. O mínimo do verão de 2021 foi a 12ª menor extensão no registo de satélite de 43 anos, mas a maior extensão desde 2014. A cobertura de gelo marinho no final do verão diminuiu 13,0 por cento por década em relação à média de 1981-2010. Isto representa uma perda de 31 100 quilómetros quadrados por ano, uma área do tamanho da Carolina do Sul. O gelo que sobrevive durante todo o ano é mais fino e mais frágil do que era anteriormente. O gelo antigo e espesso constituía um terço do bloco de gelo do Oceano Ártico no máximo do inverno, em março de 1985. Em março de 2020, representava menos de 5%.

4.2 Derretimento dos glaciares de montanha

Em todo o mundo, a maioria dos glaciares está a diminuir ou a desaparecer por completo. Relativamente a 1970, os glaciares de referência climática monitorizados pelo Serviço Mundial de Monitorização dos Glaciares perderam um volume de gelo equivalente a quase 25 metros de água líquida - o equivalente a cortar 27,5 metros de gelo do topo de cada glaciar. O degelo dos glaciares e dos lençóis de gelo é a principal causa da subida do nível do mar nas últimas décadas. A perda de glaciares é uma séria ameaça ao abastecimento de água natural e humano em muitas partes do mundo. Os glaciares ganham massa através da queda de neve e perdem massa através da fusão e sublimação (quando a água evapora-se diretamente do gelo sólido). Os glaciares que terminam num lago ou no oceano também perdem massa através do parto de icebergues. Os glaciares que terminam no oceano são designados por glaciares de maré e têm ciclos de avanço e recuo mais complexos do que os glaciares que terminam em terra, pelo menos nas escalas de tempo anuais e de décadas. Mesmo num clima estável, estes glaciares podem passar por períodos de recuo rápido que são mais influenciados pela topografia do fundo do mar e pela circulação oceânica no seu terminal do que pelas condições climáticas recentes.

4.3 Conteúdo de calor dos oceanos

O oceano é o maior coletor de energia solar da Terra. Não só a água cobre mais de 70 por cento da superfície do nosso planeta, como também pode absorver grandes quantidades de calor sem um grande aumento da temperatura. Esta enorme capacidade de armazenar e libertar calor durante longos períodos de tempo confere ao oceano um papel central na estabilização do sistema climático da Terra. A principal fonte de calor dos oceanos é a luz solar. Para além disso, as nuvens, o vapor de água e os gases com efeito de estufa emitem o calor que absorveram, e alguma dessa energia térmica entra no oceano. As ondas, marés e correntes misturam constantemente os oceanos, deslocando o calor das latitudes mais quentes para as mais frias e para níveis mais profundos. O calor absorvido pelo oceano é deslocado de um sítio para outro, mas não desaparece. A energia térmica acaba por reentrar no resto do sistema terrestre através da fusão de plataformas de gelo, da evaporação da água ou do reaquecimento direto da atmosfera. Assim, a energia térmica dos oceanos pode aquecer o planeta durante décadas depois de ter sido absorvida. Se o oceano absorve mais calor do que o que liberta, o seu conteúdo térmico aumenta. Conhecer a quantidade de energia térmica que os oceanos absorvem e libertam é essencial para compreender e modelizar o clima global.

Em média, para toda a profundidade do oceano, as taxas de ganho de calor de 1993-2020 são de 0,580,78 watts por metro quadrado. O aumento do teor de calor dos oceanos está a contribuir para a subida do nível do mar, para as ondas de calor nos oceanos e para o branqueamento dos corais, bem como para o degelo dos glaciares que terminam nos oceanos e dos lençóis de gelo à volta da Gronelândia e da Antárctida. O calor já armazenado nos oceanos acabará por ser libertado, comprometendo a Terra com um aquecimento adicional da superfície no futuro.

4.4 Nível global do mar

O nível médio global do mar subiu 8-9 polegadas (21-24 centímetros) desde 1880. Em 2021, o nível global do mar estabeleceu um novo recorde de 97 mm (3,8 polegadas) acima dos níveis de 1993. A taxa de aumento do nível do mar global está a acelerar: mais do que duplicou de 0,06 polegadas (1,4 milímetros) por ano durante a maior parte do século XX para 0,14 polegadas (3,6 milímetros) por ano de 2006-2015. Em muitos locais ao longo da costa dos EUA, a taxa de subida local do nível do mar é superior à média global devido a processos terrestres como a erosão, a bombagem de petróleo e de águas subterrâneas e a subsidência. As inundações de maré alta são atualmente 300% a mais de 900% mais frequentes do que há 50 anos. Se conseguirmos reduzir significativamente as emissões de gases com efeito de estufa, prevê-se que o nível do mar dos EUA em 2100 seja, em média, cerca de 0,6 metros mais alto do que em 2000. Numa trajetória com elevadas emissões de gases com efeito de estufa e um rápido colapso da camada de gelo, os modelos projectam que a subida média do nível do mar nos Estados Unidos contíguos poderá ser de 2,2 metros (7,2 pés) até 2100 e de 3,9 metros (13 pés) até 2150.

4.5 Cobertura de neve na primavera no Hemisfério Norte

A cobertura de neve é a área coberta por neve num determinado momento. O tempo que o solo permanece coberto de neve na primavera afecta a duração da estação de crescimento, o momento e a quantidade de escoamento dos rios, o degelo do permafrost, a vida selvagem e o risco de incêndio. A extensão do manto de neve em 2022 foi inferior à média de 1981-2020. A extensão do manto de neve no final da primavera (abril-junho) esteve acima da média apenas 5 vezes nos últimos 25 anos. Nas latitudes elevadas do Hemisfério Norte, a taxa de declínio da neve na primavera foi tão dramática como a taxa de perda de gelo marinho no Ártico.

4.6 Luz solar que chega

O brilho total do Sol varia em escalas temporais de minutos a milénios, e estas alterações são detectáveis no registo da temperatura global. Durante ciclos solares fortes, o brilho médio total do Sol varia até 1 Watt por metro quadrado; esta variação afecta a temperatura média global em 0,1 graus Celsius ou menos. As alterações no brilho total do Sol desde o período pré-industrial têm sido mínimas, não contribuindo provavelmente com mais de 0,01 graus Celsius para o aquecimento de cerca de 1 grau que se registou durante o período industrial. O aquecimento projetado devido ao aumento dos níveis de gases com efeito de estufa nas próximas décadas irá sobrepor-se mesmo a um Grande Mínimo Solar muito forte. As quantidades crescentes de dióxido de carbono atmosférico adiaram a próxima era glaciar provocada por Milankovitch em pelo menos dezenas de milhares de anos.

4.7 Temperatura global

A temperatura da Terra aumentou 0,14° Fahrenheit (0,08° Celsius) por década desde 1880, mas a taxa de aquecimento desde 1981 é mais do dobro: 0,32° F (0,18° C) por década. 2021 foi o sexto ano mais quente de que há registo, com base nos dados de temperatura da NOAA. Em média, na terra e no oceano, a temperatura da superfície de 2021 foi 1,51 ° F (0,84 ° Celsius) mais quente do que a média do século XX de 57,0 ° F (13,9 ° C) e 1,87 ° F (1,04 ° C) mais quente do que o período pré-industrial (1880-1900). Os nove anos de 2013 a 2021 estão entre os 10 anos mais quentes de que há registo.

CAPÍTULO 5

POTENCIAL DE PRODUÇÃO DE ENERGIAS RENOVÁVEIS NA ÍNDIA

5.1 Métodos de redução da emissão de gases com efeito de estufa: - Como já foi referido, a maior contribuição para a emissão de gases com efeito de estufa provém do sector da produção de energia. Ao encontrar fontes alternativas de energia renovável, a emissão de GEE pode ser reduzida. Algumas fontes alternativas de energia renovável na Índia são as seguintes

5.1.1 Energia solar - Desde a antiguidade que o Sol é venerado como fonte de vida para o nosso planeta. A era industrial deu-nos a compreensão da luz solar como fonte de energia. A Índia é dotada de um vasto potencial de energia solar. A energia solar ocupou um lugar central no Plano de Ação Nacional da Índia para as Alterações Climáticas, sendo a Missão Solar Nacional uma das principais missões. A Missão Solar Nacional (NSM) foi lançada em 11 de janeiro de 2010. A NSM é uma iniciativa importante do Governo da Índia, com a participação ativa dos Estados, para promover o crescimento sustentável do ponto de vista ecológico e, ao mesmo tempo, enfrentar os desafios da segurança energética da Índia. Constituirá também uma contribuição importante da Índia para o esforço global de resposta aos desafios das alterações climáticas. A Missão tem como objetivo a instalação de 100 GW de centrais de energia solar ligadas à rede até 2022. A fim de atingir o objetivo acima referido, o Governo da Índia lançou vários regimes para incentivar a produção de energia solar no país, como o Solar Park Scheme, VGF Schemes, CPSU Scheme, Defense Scheme, Canal bank & Canal top Scheme, Bundling Scheme, Grid Connected Solar Rooftop Scheme, etc. Até março de 2021, a capacidade instalada da central de energia solar na Índia é de 40,1 GW.[4]

5.1.2 Energia eólica - O sector da energia eólica da Índia é liderado pela indústria indígena de energia eólica e tem mostrado progressos consistentes. O objetivo de produção de energia eólica é de 60 GW até ao ano 2022. O país tem atualmente a quarta maior capacidade instalada de energia eólica do mundo, com uma capacidade total instalada de 39,25 GW (em 31 de março de 2021) [5]

6.1.3 Pequenas centrais hidroeléctricas - Os projectos hidroeléctricos são classificados em grandes e grandes e pequenos projectos hidroeléctricos com base nas suas dimensões. Na Índia, as centrais hidroeléctricas com uma capacidade igual ou inferior a 25 MW são classificadas como pequenas centrais hidroeléctricas. O objetivo de produção de energia a partir de pequenas centrais hidroeléctricas é de 5 GW até 2022. Até março de 2021, a capacidade instalada de pequenas centrais hidroeléctricas na Índia é de 4,8 GW.[6]

5.1.4 Bioenergia - A biomassa sempre foi uma fonte de energia importante para o país, tendo em conta os benefícios que oferece. É renovável, amplamente disponível, neutra em termos de carbono e tem o potencial de proporcionar emprego significativo nas zonas rurais. A biomassa também é capaz de fornecer energia firme. O objetivo de produção de energia a partir da biomassa é de 10 GW até ao ano 2022. Até março de 2021, a capacidade instalada de energia de biomassa na Índia é de 10,1 GW, o que é superior ao objetivo de produção de energia de biomassa.[7]

As fontes de energia renováveis estão a contribuir para o desenvolvimento sustentável de qualquer país. O objetivo total de produção de eletricidade a partir de fontes de energia renováveis é de 175 GW até ao ano 2022. A capacidade total instalada de produção de eletricidade a partir de fontes renováveis é de 94,25 GW até março de 2021. Durante o período de abril de 2014 a janeiro de 2021, a capacidade instalada de energias renováveis da Índia aumentou duas vezes e meia e, no mesmo período, a capacidade instalada de energia solar aumentou 15 vezes. A nível mundial, a Índia ocupa atualmente o 4.º lugar em termos de capacidade de produção de energia renovável, o 4.º lugar em termos de energia eólica e o 5.º lugar em termos de capacidade de produção de energia solar.[8]

Objetivo de produção de energias renováveis até 2022 e capacidade instalada até março de 2021

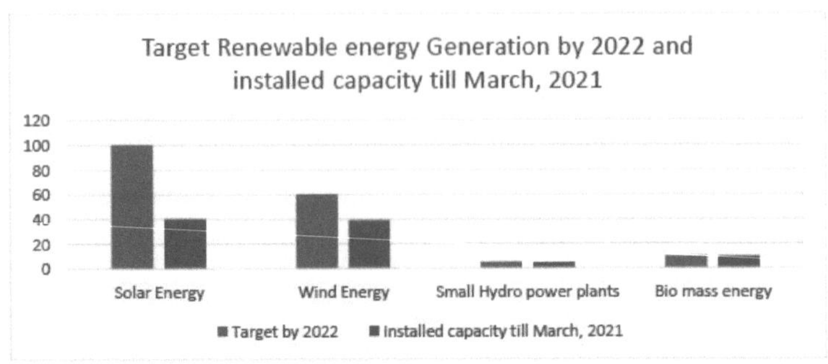

Figura 5.1 Objetivo de produção de energias renováveis até 2022 e capacidade instalada até março de 2022

5.1 O crescimento anual da produção de eletricidade nos últimos anos

Quadro 6.1 Crescimento anual da produção de eletricidade nos últimos anos [9]

ANO	Crescimento da produção a partir de combustíveis fósseis (%)	Crescimento da produção renovável (incluindo hidroelétrica) (%)	Crescimento da produção a partir de combustíveis não fósseis (ER + Nuclear) (%)	Crescimento da produção total (%)
2011-12	6.6%	17.5%	18.30%	9.14%
2012-13	7.3%	-5.9%	-4.78%	4.46%
2013-14	4.2%	10.0%	9.05%	5.23%
2014-15	10.8%	1.3%	1.91%	8.84%
2015-16	7.5%	-1.8%	-0.97%	5.69%
2016-17	5.3%	8.9%	7.68%	5.80%
2017-18	4.3%	11.1%	9.55%	5.35%
2018-19	3.4%	14.3%	12.09%	5.19%
2019-20	-2.7%	12.7%	13.99%	0.95%

2020-21	-1.0%	2.1%	0.86%	-0.52%
2021-21	7.96 %	7.74 %	7.96%	7.96%
2021-22*	15.04 %	26.92 %	22.58 %	16.71 %

(*até maio de 2022)

Em 2022, o crescimento da produção de energia renovável é aumentado em 26,92%. Após o período da COVID, o Governo da Índia está a concentrar-se mais na produção de energias renováveis, o que resulta na diminuição da emissão de gases com efeito de estufa e contribui para o desenvolvimento sustentável da Índia.[9]

CAPÍTULO 6

CONCLUSÃO

O MDL é um acordo entre diferentes organismos internacionais (entre países desenvolvidos e em desenvolvimento) para desenvolver e implementar um sistema a nível mundial para garantir o desenvolvimento sustentável.

É também um esforço para homenagear várias organizações e países que se envolveram e contribuíram sistematicamente para o crescimento, poupando o ambiente.

As principais características do MDL são

A. Desenvolvimento sustentável

B. Transferência de tecnologia

C. Investimento estrangeiro

A) Desenvolvimento sustentável

Espera-se que o desenvolvimento de um sistema ou de um processo deixe para trás os seus primeiros sinais de presença; o desenvolvimento sustentável é o único tipo aceitável. Mas o seu custo é muito mais elevado do que um desenvolvimento não organizado, porque o desenvolvimento só é considerado sustentável se não resultar na degradação do ecossistema

B) Transferência de tecnologia

Um dos principais acordos do Protocolo de Quioto, de 1997, foi o facto de o MDL dever assegurar a transferência de tecnologia entre os países em desenvolvimento e os países desenvolvidos. Verificou-se que, após a criação do MDL em 1996, não há praticamente nenhuma transferência de tecnologia relatada na literatura como consequência da implementação do MDL. Na nossa opinião, embora existam algumas características da norma ISO 14001 que devem resultar na transferência de tecnologia, estas não são suficientes para atrair efetivamente a transferência de tecnologia.

C) Investimento estrangeiro

Uma das decisões importantes tomadas no âmbito do MDL é a de prever a compra ou venda de créditos de carbono. A ideia subjacente ao processo de compra e venda é pressionar uma organização para que cumpra definitivamente os compromissos de redução de

O estabelecimento que foi incumbido de obter um certo número de créditos de carbono não é capaz de atingir os objectivos, pelo que tem de comprar os créditos a alguns países em desenvolvimento mediante pagamento.

As emissões de GEE provenientes de diferentes sectores e de diferentes países estão a aumentar continuamente. As emissões de gases com efeito de estufa têm efeitos adversos no clima. A temperatura da Terra está a aumentar continuamente. Para controlar a emissão de GEE, os sectores das energias renováveis estão a desempenhar um papel importante. Diferentes países estão a concentrar-se na produção de recursos energéticos renováveis que resultam na redução das emissões de GEE e contribuem para o desenvolvimento sustentável do país. Pode aceitar-se que as tecnologias de energias renováveis podem cobrir significativamente a procura de eletricidade e contribuir para a redução das emissões de GEE. Nos últimos anos, o país desenvolveu algumas políticas e concentrou-se na produção de energia renovável. A sensibilização para a poupança de energia foi promovida entre os cidadãos para aumentar a utilização das energias solar, eólica, biomassa, resíduos e hidroelétrica. Mas os sectores das energias renováveis enfrentam obstáculos notáveis. Alguns deles são o elevado custo de instalação, inerente a todas as tecnologias renováveis, e a necessidade de uma grande área.

REFERÊNCIAS

1. Protocolo de Quioto à Convenção-Quadro das Nações Unidas sobre as Alterações Climáticas-1998

2. Andreja Cirman, Polona Domadenik, Matjaz Koman, Tjasa Redek (2009), The Kyoto Protocol in a Global Perspective, Economic And Business Review VOL. 11 No. 1 2009

3. M Balasubramanian, V Dhulasi Birundha (2012), Climate Change and Its Impact on India, The IUP Journal of Environmental Sciences, Vol. VI, No. 1, 2012

4. Ministério das Energias Novas e Renováveis Governo da Índia https://mnre.gov.in/solar/current-status/

5. Ministério das Energias Novas e Renováveis Governo da Índia https://mnre.gov.in/wind/current-status/

6. Ministério das Energias Novas e Renováveis Governo da Índia https://mnre.gov.in/small-hydro/current-status

7. Ministério das Energias Novas e Renováveis Governo da Índia https://mnre.gov.in/bio-energy/current-status

8. Relatório Anual 2020-21, Ministério das Energias Novas e Renováveis, Governo da Índia.

9. Ministério da Energia Governo da Índia https://powermin.gov.in/en/content/overview

10. Instituto de Recursos Mundiais https://www. climatewatchdata. org/ghg-emissões?chartType=area&end year=2019®ions=TOP&start year=1990

11. SHAHEEN, E. LIPMAN (2007), "REDUCING GREENHOUSE EMISSÕES E CONSUMO DE COMBUSTÍVEL - Abordagens sustentáveis para os transportes de superfície", IATSS RESEARCH Vol.31 No.1, 2007.

12. Susheel K Mittal, Vidhu Tripathi e Krunesh Garg (2020), "Clean Development Mechanism in Synergy with ISO 14001: Some Findings", Journal of Indian Association for

Environmental Management Vol. 40, No. 4 (2020), 54-70.

13. Austin D, Faeth P (2000) "How much sustainable development can we expect from the Clean Development Mechanism? An overview". In: Austin D, Faeth P (eds.) Financing sustainable development with the Clean Development Mechanism, World Resources Institute, pp 1-12.

14. Babu, N. Y. D., e A. Michaelowa (2003). Removing Barriers for Renewable Energy CDM Projects in India and Building Capacity at the State Level, Hamburgisches Welt-Wirtschafts-Archiv (HWWA) [Instituto de Economia Internacional de Hamburgo], Documento de Discussão 237 do HWWA.

15. Bansal P, Bogner W (2002) "Decidir sobre a ISO 14001: instituições económicas e contexto. Long Range Plan" 35:269-290.

16. Banuri T, Gupta S (2000) "The Clean Development Mechanism and sustainable development: an economic analysis. In Manila GP (ed.), Implementation of the Kyoto Protocol, Asian Development Bank".

17. Baron R, Ellis J (2006) "Sectoral crediting mechanisms for greenhouse gas mitigation: institutional and operational issues". Organização para a Cooperação e o Desenvolvimento Económico, Paris, pp. 1-34.

18. Boiral O (2007) Corporate greening through ISO 14001: a rational myth? Organ Sci 18:127-146

19. Boiral, Oliver e Jean-Marie Sala. 1998. "Gestão ambiental: Deverá a indústria adotar a norma ISO 14001?" Business Horizons 41, no. 1 (janeiro-fevereiro): 57-64.

20. Brown K, Corbera E (2003) Exploring equity and sustainable development in the new carbon economy. Climate Policy 3:41-56.

21. Burton I, May E (2004) The adaptation deficit in water resource management. Ids Bulletin-Institute of Development Studies 35:31-37.

22. Cantin, Jeff. 1997. Associado sénior, Eastern Research Group/Lexington Group.

Comunicação pessoal. Correspondência por correio eletrónico, 18 de setembro, Lexington, MA.

23. Cavard D. etal, (2001). How Should Developing Countries Participate in climate change prevention- The Clean Development Mechanism and Beyond, a publicar na revista Energy Studies Review, UFR DGES, França.

24. Autoridade Nacional Designada do MDL Índia (2005). Autoridade Nacional Designada, Ministério do Ambiente e das Florestas, Governo da Índia.

25. Cohen S, Demeritt D, Robinson J, Rothman D (1998) Climate change and sustainable development: towards dialogue. Glob Environ Change 8:341-371.

26. Cole, P. (2003) Carbon Emissions Benchmarking for Public Sector Supply Chain Companies. (M.Sc.) Universidade de East Anglia.

27. Darnall N, Ringling D, Andrews R, Amaral D (2000) "Environmental management systems: opportunities for improved environmental and business strategy?" Environ Qual Manag 9:1-9.

28. Davidson O, llalsnt's K, Huq S, Kok M, Metz B, Sokona Y, Verhagen J (2003) The development and climate nexus: the case of Sub-Saharan Africa. Política Climática 3:97- 113

29. DelmasM (2001) Stakeholders and competitive advantage: the case of ISO 14001. Prod Oper Manag 10:343-358

30. Devereux S, Edwards J (2004) Climate change and food security. Ids Bulletin-Institute of Development Studies 35:22-30.

31. (Ecotec) Ecotec Research and Consulting Ltd. 1992. Educação e formação de pessoal envolvido em questões ambientais relacionadas com a indústria. Dublin, Irlanda: Fundação Europeia para a Melhoria das Condições de Vida e de Trabalho.

32. Ghersi F, lourcade J-C, Criqui P (2003) Viable responses to the equityresponsibility dilemma: a consequentialist view. Política Climática, 3:S115-S133

33. Goldemberg, 1998. Visão geral. Em Goldemberg, J eds. Issues and Options- Clean

Development Mechanism, Programa das Nações Unidas para o Desenvolvimento, Nova Iorque

34. Gonsalves .B Joseph (2006). An Assessment of Projects on the CDM in India (Avaliação de projectos no âmbito do MDL na Índia).

35. Green P.E.J. e G. LaFontaine. 1996. Criar um sistema de gestão ambiental eficaz. Pulp & Paper Canada 97, no. 9, 42-44.

36. Grubb M, Vrolijk C, Brack D (1999) The Kyoto protocol. A guide and assessment. Instituto Real de Assuntos Internacionais, Londres, Reino Unido.

37. Grubb M. com Vrolijk C. com Brack D. (1999). O Protocolo de Quioto: A guide and Assessment. RIIA, Londres

38. Gupta Shreekant (2002). Incentive-based approaches for mitigating greenhouse gas emission: Issue and prospects for India.

39. Gupta Shreekant (2003). Implementação de um mecanismo de flexibilidade do tipo Quioto para a Índia: questões e perspectivas

40. laites, E. (2004). Estimating the market potential for the Clean Development Mechanism: Review of models and lessons learnt. Preparado para o Banco Mundial, a Agência Interna de Energia e a Associação Internacional de Comércio de Emissões.

41. Haites Erik, Seres Stephen (2008) Analysis of technology transfer in CDM projects (Análise da transferência de tecnologia em projectos MDL)

42. Hart S, AhujaG(1996) Does it pay to be green?An empirical examination of the relationship between emission reduction and firm performance. Estratégia Empresarial Ambiental 5:30-37

43. Huq S, Reid H (2004) Mainstreaming adaptation in development. Ids Bulletin-Institute of Development Studies 35:15-21

44. Simpósio Internacional de CHP e Energia Descentralizada, Nova Deli, outubro

45. James E. Haklik A ISO 14001 e o desenvolvimento sustentável

46. Jill Gravender, Annette Killmer*, James Frew e Arturo Keller A ISO 14001 NA PERSPECTIVA DE UMA EMPRESA

47. JoaqumCanon-de-Francia , Concepcion Garces-Ayerbe (2009) Certificação Ambiental ISO 14001: Um sinal valorizado pelo mercado?

48. Kete N, Baumert K. e Bhandari R. (2001). Should Development Aid be used to Finance the CDM. WRI, Washington DC

49. Kim JA (2003) Sustainable development and the CDM: a South African case study. Tyndall Centre for Climate Change Research, pp 1-18

50. King A, Lenox M (2002) Exploring the locus of profitable pollution reduction. Manag Sci 48:289-299

51. Kirkland, Lisa-Henri e Dixon Thompson. 1997. Universidade de Calgary, Faculdade de Design Ambiental. Desafios na conceção, implementação e funcionamento de um sistema de gestão ambiental. (Apresentação à Air and Waste Management Association, 13 de novembro), Vancouver, BC. 167

52. Klooster D, Masera O (2000) Community forest management in Mexico: carbon mitigation and biodiversity conservation through rural development. Glob Environ Chang 10:259-272

53. Kolshus HH, Vevatne J, Torvanger A, Aunan K (2001) Can the Clean Development Mechanism attain both cost-effectiveness and sustainable development objectives? Centro de Investigação Internacional sobre o Clima e o Ambiente (CICERO), Oslo, pp 1-22

54. Konar S, Cohen MA (2001) Does the market value environmental desempenho. Rev Econ Stat 83:281-289

55. Lawrence, Anne T. e David Morell. 1995. Leading-edge environmental management: Motivation, opportunity, resources, and processes. In Research in corporate social performance and policy, Suplemento 1, 99-126. Stamford, CT: JAI Press Inc.

56. Link S, Naveh E (2006) Standardization and discretion: does the environmental standard

ISO 14001 lead to performance benefits? IEEE Trans Eng Manag 53:508-519

57. Link S, Naveh E (2006) Standardization and discretion: does the environmental standard ISO 14001 lead to performance benefits? IEEE Trans Eng Manag 53:508-519

58. Macdonald, J. (2005) Strategic sustainable development using the ISO 14001 standard. Journal of cleaner production, 13, pp. 631-643

59. Markandya A, Halsnus K (2002) Climate change and sustainable development, prospects for developing countries. Earthscan, Londres.

60. Mathy S, Iourcade J-C, de Gouvello C (2001) Clean development mechanism: leverage for development? Política Climática 1:251-268

61. Matsuo N (2003) CDM in the Kyoto negotiations. Mitig Adapt Strategies Glob Chang 8:191-200 "Green & Competitive - Ending the Stalemate" Michael E Porter & Claas ven der Linde, Iarvard Business Review setembro-outubro de 1995

62. Melnyk S, Sroufe R, Calantone R (2002) Assessing the impact of environmental management systems on corporate and environmental performance. J Oper Manag 336:1-23

63. Metz B, Berk M, den Elzen M, de Vries B, van Vuuren D (2002) Towards an equitable global climate change regime: compatibility with Article 2 of the Climate Change Convention and the link with sustainable development. Política Climática 2:211-230

64. Michaelis L (2003) Sustainable consumption and greenhouse gas mitigation (Consumo sustentável e mitigação dos gases com efeito de estufa). Política Climática 3:S135-S146

65. Miller, William I. 1998. Cracks in the green wall. Semana da Indústria 19, (janeiro): 58-68. Ministério da Energia, Governo da Índia (2005). Status of Power Generation.

66. Montabon F, Melnyk S, Sroufe R, Calantone R (2000) ISO 14000: assessing its perceived impact on corporate purchasing performance. J Supply Chain
Manag 36:4-15

67. Najam A, Rahman AA, Huq S, Sokona Y (2003) Integrating sustainable development into the Fourth Assessment Report of the Intergovernmental Panel on Climate Change.

Climate Policy 3:S9-S17 72 Climatic Change (2007) 84:59-73

68. Plano de Ação Nacional (2003). Para operacionalizar o MDL na Índia. Preparado pela Comissão de Planeamento do Governo da Índia.

69. Estudo Estratégico Nacional (2005). Implementação do MDL na Índia. Preparado pelo Energy and Resources Institute, Nova Deli.

70. Nelson KC, de Jong BHJ (2003) Making global initiatives local realities: carbon mitigation projects in Chiapas, Mexico. Glob Environ Change 13:1930

71. Olhoff A, Markandya A, Halsnss K, Taylor T (2004) CDM sustainable development impacts. UNEP Ris0 Centre, pp 1-88

72. Otts HE e Sachs W (2000). The Ethical Aspects of Emissions Trading (Os Aspectos Éticos do Comércio de Emissões). Wuppertal papers, Alemanha

73. Panayotou, T. (1998), Six Questions of Design and Governance. Em Goldemberg, J eds. Issues and Options- Clean Development Mechanism, Programa das Nações Unidas para o Desenvolvimento, Nova Iorque

74. Porter M (1991) America's green strategy. Sci Am 264:168

75. Porter M, Van der Linde C (1995) Green and competitive: ending the stalemate. Harv Bus Rev 73:120-134

76. Porter, Michael E. e Claas van der Linde. 1995. Green and competitive ending the stalemate. Harvard Business Review (setembro-outubro): 120134.

77. Potoski M, Prakash A (2005) with weak swords: ISO 14001 and facilities' environmental performance. J Policy Anal Manag 24:745-770

78. Potoski, M. e Prakash, A. (2006) Positive Dependencies? FDI and the Cross-country Diffusion of ISO 14001

79. Powers, Mary Buckner. 1996. As empresas aguardam a ISO 14000 como cartilha para a ecocidadania global. ENR 234, (29 de maio): 30-32.

80. Resources for the Future (2004). A Diretiva de Comércio de Emissões da UE:

Opportunities and Potential Pitfalls. Imprensa de Recursos para o Futuro, Washington, DC.

81. Rondinelli D,Vastag G(2000) Panaceia, senso comum ou apenas um rótulo? O valor dos sistemas de gestão ambiental ISO 14001. Eur Manag J 18:499-510

82. Russo M, Fouts P (1997) A resource-based perspective on corporate environmental performance and profitability. Acad Manag J 40:534-559

83. Sally L Goodman & Det Norske Veritas (1998) Is ISO 14001 an Important Element in Business Survival?

84. Sengupta, R. e M. Gupta (2003). Developmental Sustainability Implications of the Economic Reforms in the Energy Sector. Capítulo 3 em India and Global Climate Change,

85. M. A. Toman, U. Chakravorty, e S. Gupta (eds.), Resources for the Future Press, Washington, DC.

86. Shukla P.R. (2006) India's "GHG emission scenarios: Alinhamento das trajectórias de desenvolvimento e estabilização".

87. Sokona Y, Najam A, Huq S (2002) "Climate change and sustainable development: views from the South". Instituto Internacional para o Ambiente e o Desenvolvimento (IIED), p. 5.

88. Swart R, Robinson J, Cohen S (2003) Climate change and sustainable development: expanding the options. Climate Policy 3:S19-S40.

89. Telle K (2006) It pays to be green - a premature conclusion? Environ Resour Econ 35:195-220.

90. Toman M. e Cazorla M. (2001). "Clean Development Mechanism: A Primer, Resources for the Future", Washington DC.

91. Convenção-Quadro das Nações Unidas para as Alterações Climáticas (2005). Mecanismo de Desenvolvimento Limpo (MDL). objetivo não realizado do desenvolvimento sustentável. Revista Internacional de Direito e Política do Desenvolvimento Sustentável 2:1-19

92. WRI (2004) "A Climate of Innovation - Northeast Business Action to reduce greenhouse

Gases". Washington DC World Resources Institute.

93. WBCSD (2004) "The Green House Gas Protocol- A Corporate Accounting and Reporting Standard". Genebra, Conselho Empresarial Mundial para o Desenvolvimento Sustentável, Edição Revista

94. Yamin F. (1998). "Desafios operacionais e institucionais". Em Goldemberg, J eds. Issues and Options- Clean Development Mechanism, Programa das Nações Unidas para o Desenvolvimento, Nova Iorque.

95. Ziegler A, Schroder M e Rennings K (2007) "The effect of environmental and social performance on the stock performance of European corporations". Environ Resour Econ 37:661-680 12.

96. Pankaj Agarwal (2016) "Potential of Renewable Energy in India" IJERT ISSN 2278-0181 Conferência NCACE 2016.

MIX
Papier aus verantwortungsvollen Quellen
Paper from responsible sources
FSC® C105338

Printed by Books on Demand GmbH, Norderstedt / Germany